養成樂觀思路

的 機率

趣談

鳥越規央

我想要變得更樂觀。

希望工作、戀愛與未來都能順順利利，

生活安然自得、無所憂慮。

只是……。

每天的新聞都有可怕的社會事件，

令我對未來憂心忡忡。

討厭的想像一直在腦海揮之不去……。

要是莫名其妙捲入犯罪事件裡……。

說不定這條路上就有壞人躲藏在暗處。

要是使用交友軟體卻被騙的話⋯⋯。

素未謀面的人究竟能不能相信。

要是這艘船沉沒的話⋯⋯。

說不定會發生跟那部電影一樣的悲劇。

要是彩券全部沒中的話……。

全部的錢都打水漂了，更不用說買個夢想。

討厭的聯想一旦開始就停不下來！

感覺做什麼事情都不順利。

我明明只是想要過得幸福而已。

嗯？

地上有東西。

「戴看看。這是讓你看見真實世界的眼鏡」

咦？明明新聞播報了那麼多犯罪事件，

沒想到犯罪數竟然比我想像得還要少!?

這個也是，那個也是，都跟我原本以為的差好多。

這才是真正的世界嗎!?

一切都只是我在杞人憂天。

也許，這世界沒有我想得那麼糟糕？

你也來戴戴看這副眼鏡吧。

你一定也會看見不一樣的世界。

樂觀開朗地享受你的人生吧！

Contents

Chapter 1

機率是什麼？

Chapter 2

遇見奇蹟的機率

Chapter 3

好運降臨的機率

Chapter 4

不再杞人憂天的機率

Chapter 5

讓人放輕鬆的機率

人生大改變的機率

Chapter 7

假如發生這件事的機率

插畫　菅幸子
設計・DTP　松崎理、早樋明日実(yd)

機率
是什麼？

讓全美都混亂的
機率悖論

　　聽到「機率」二字時，你會想到什麼呢？也許你腦海中的印象是抽籤、擲骰子等等，但你平常可能沒想過什麼是機率。這裡準備了一個小問題，請務必一起來挑戰。

Q **你的面前有３扇門。其中一扇門裡面有獎品，而且是一輛轎車；而其餘的２扇門沒有獎品，打開只會看見一隻羊。**

　　你要從這３扇門當中選擇１扇門。不管你選的門後有沒有獎品，我都會從另外的２扇門當中打開１扇未中獎的門，而且我知道哪一扇門的後面有轎車。

問題來了，你會改變你的選擇嗎？

還是堅持原本的選擇呢？

有些人也許會這麼想：

「不改變選擇的話，猜中的機率是1/3，但現在我知道哪一扇門後沒有獎品，所以我猜中的機率就是1/2，對吧？既然如此，不改變原本的選擇應該才是正確的吧？」

有些人可能是這麼想：

「雖然知道哪一扇門的後面沒有獎品，但門的數量沒變，所以猜中的機率還是1/3，對吧？既然換不換選擇的機率都一樣，那也就沒必要改了吧？」

你會堅持最初的選擇，還是改變選擇呢？

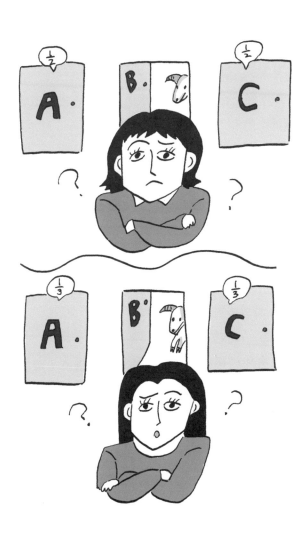

答案是「改變選擇」。

如果你想得到獎品的轎車，那請你一定要改變選擇。

實際上不改變選擇並且猜中的機率是1/3，而改變選擇後猜中的機率則是2/3。想不到，機率竟然差了2倍。應該有人會覺得很不可思議，心想：「為什麼會差這麼多呢!?」

原本從3扇門中選擇1扇門時，猜中的機率是1/3。這句話應該還算好理解。

但是，當我們把所有的可能性都列出來後，結果就會如表格所示。不堅持原來的選擇，改變後，猜中的機率會更高。看起來很不可思議，但這就是事實。

表　原本選A門的情況

	裁判打開的門	你的選擇	結果
A門中獎	B或C	不改變（A）	中獎
		改變（B或C）	未中獎
B門中獎	C	不改變（A）	未中獎
		改變（B）	中獎
C門中獎	B	不改變（A）	未中獎
		改變（C）	中獎

這個問題的重點在於我知道哪一扇門會中獎。也就是說，你最後要抉擇的這2扇門並不是「你一開始選擇的門」與「最後剩下的門」，而是「你一開始選的門」與「我2選1以後剩下的門」，2扇門的基準並不一致。其實這道題就是相當著名的蒙提霍爾問題，出自於蒙提・霍爾主持的美國電視節目Let's Make a Deal裡的遊戲。「要不要改變選擇」這樣的爭論持續了好長一段時間，成了讓全美都混亂的火爆話題。

　　因為這樣，關於這道題目也有各式各樣的解說，各位自行搜尋有興趣的內容，想必也能發現有趣的見解。

　　而我想透過這道題傳達一件事實，那就是「人類很容易相信自己的直覺」。

直覺是真實？
資訊是現實？

　　透過前面所分享的悖論，各位應該都瞭解人類是多麼相信自己的直覺。而接下來我想要告訴各位的，則是「資訊」造成的成見。

　　我們每天都會從電視節目、社群媒體、報紙等管道獲得大量的資訊，同時也對這世界漸漸產生世界愈來愈險惡、以前的時代比較美好等根深蒂固的成見。

　　然而，這些我們自以為「正確」的資訊，其實大多不符合事實。

　　我們來看以下的例子：

Q 請問日本的犯罪件數在 2010 年到 2021 年的 10 年間發生了什麼變化？

A 增加

B 不變

C 減少

　　正確答案是C，減少。也許有很多人都被這個答案給嚇到了，畢竟每天所播報的新聞都讓人覺得社會案件好像愈來愈多了。即使犯罪案件不再增加，應該也沒有多少人會覺得變少吧。

　　但事實就是跟我們想的不一樣。日本在2010年的犯罪件數為160萬4,019件，而2021年則是56萬8,104件，竟然少了一半以上。近年來的犯罪件數確實一直在減少，關於這個問題之後再詳細介紹。

接著是第 2 個問題。

Q **請問日本的交通事故件數在 2010 年到 2021 年的 10 年間產生了什麼變化？**

A 不變

B 大約減少至1/4

C 減少一半以上

答案是C，減少一半以上。我猜，認為日本的交通情況改善這麼多的人應該不多。日本2010年的交通事故件數為72萬5,924件，而2021年則是30萬5,425件，少了一半以上。

最近新聞上有許多關於惡意逼車及擋車的報導，讓人覺得開車上路很容易發生交通事故的，但其實交通事故件數真的少了許多。

各位看到這裡有什麼想法呢？

我想光是透過這 2 個問題，各位應該都能瞭解我們的判斷多麼容易受到印象的影響。而且媒體有個特點，就是非常容易煽動視聽者，使人產生負面印象。所以，對於生活在資訊爆炸的現代人來說，容易受到印象的影響也是無可厚非的事。

我在前面提到「悖論」時曾指出，人類的錯誤在於過於相信直覺。現在有一派人認為，隨著科技的進步，人類反而更要像以前的人那樣相信直覺。我個人是不反對這樣的論點，但這跟我們前面說的是不同的兩回事。畢竟，過於相信直覺還是有可能落入陷阱。

既然『直覺』跟『資訊』都不完全可靠，那我們究竟應該相信什麼才好？看到這裡，各位也許都會出現這樣的煩惱，其實有個方法可以用來彌補「資訊」與「直覺」的不足之處，降低我們誤認事實的機率。

從真理得到數據的機率論
從數據得到真理的統計學

　　本書的主題機率論與統計學，就是用來打破直覺與資訊所造成的成見。

　　機率論與統計學是我們的強大夥伴，讓我們不再因為直覺或成見而造成錯誤理解。而統計與機率乍看之下似乎是一樣的，但嚴格來講這兩者的研究方向還是有些不同的。

　　首先，概率論是一門研究「對受到偶然性影響的事件，假設其中存在規律性，並將事件發生的可能性用數值進行量化」的學問。在理論上，將

某一事件發生的可能性用數值來表示稱其為理論概率。例如，骰子是一個立方體，所以擲出 2 點的概率是1/6。這就是概率論。

　　相對地，統計學則是一門根據事實或數據，得到發生某事件的真正機率的學問。

　　理論上，在擲骰子120萬次的情況下，每個點數出現的次數應該是20萬次。然而，在實際情況中，有數據顯示出現 2 點的次數比較少。這是因為現實中的骰子在刻印點數時可能存在些微的差異，導致骰子的六個面的重量分布不均，使重心稍微偏移了，讓重量較重的2點較容易面朝下。

　　統計學就是像這樣從實際的數據（事實）來思考該事件發生的機率。

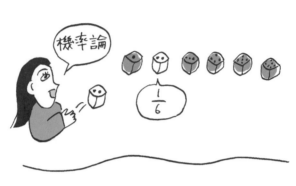

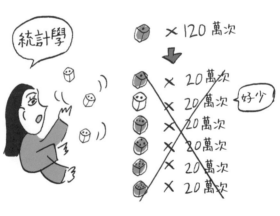

　　也就是說，機率論是「從真理得到數據」，而統計學則是「從數據得到真理」。

　　只要能善用這2項研究方式，就算是一直被直覺或資訊干擾而覺得混亂的事情，也有辦法建立起一個假說並做出全新的解釋。

　　請記住，這只是理論上、數據上的假說與解釋，真實情況並不一定會如此。

　　但這2個方式還是可以有效地幫助我們擺脫直覺的束縛、不被媒體擺布，讓我們做出有憑有據的判斷。

　　只要運用機率與統計，心裡一直耿耿於懷的事也能得到個明確答案。請各位一定要善用這2項工具，找出你個人看待這個世界的方式。

數字不騙人
但有時很殘忍

　　接下來本書會出現各種以數據轉換而來的機率。看到這些數字後，你可能會覺得自己上了一課，或驚呼：「這怎麼可能！」也可能開始擔心起來，心想：「那我該怎麼辦⋯⋯。」

　　有些事情發生的機率比我們想像得還高，有些則比想像得還要低。這些機率（統計）不受直覺影響也不偏頗於任何一方，但通常都會跟我們所抱持的印象相差甚遠。

　　數字很誠實，所以有時也很殘忍。但只要我們正確地理解，還是可以將數字變成我們的靠山。

以下是一位職棒界相關人士告訴我的事情：有位投手一直覺得自己的控球能力很差，直到他把投球數據拿給這位投手看後，對方才接受「原來我的控球力還不差」，才終於消除了煩惱。這位投手一直以為自己投出四壞球的次數比投出三振的次數還要多，會有這樣的想法這大概是因為個性所致，這位投手只要投出保送就會過度自責（在職棒選手中不可能出現投出四壞球的次數比三振還多的投手）。

只要像這樣正確地瞭解數字，就能讓自己有更多的可能性。

另一方面，正因為數字是誠實的，所以我們也能接受數字所帶來的衝擊，讓自己冷靜下來。

這裡又有一個問題要考考你們了。

Q 若轉蛋遊戲的中獎率是 5 ％（抽20次會中1次），那麼連續玩 20 次都未中獎的機率是多少？

A 10%以下

B 20%左右

C 40%左右

答案是C，40%左右（正確是35.5%）。也就是約有 4 成的人砸了20次的錢也不會有任何收穫。不過，就算我們知道這個事實，但還是放棄不了手遊裡的轉蛋抽寶。這就是心理學所說的沉沒成本效應，指的是人們對於某個一直處於虧損狀態的對象仍會繼續投資，堅信總有一天一定會大賺一筆，以至無法停損的現象。對於這種情況，如果能事先了解實際的成功機率，或許就可以在適當

的時機停止投資，避免損失了。

這些機率上的數字到底是好是壞，往往取決於我們怎麼看待，結果有時會截然不同，這也是數字有趣的一面。

但不論如何，只要機率不為零，再誇張的事情還是有可能發生的，這就是人生的有趣之處。

在幾乎無法獲救的情況下撿回一命、打敗了統計結果顯示難以戰勝的對手、在所有人都不看好的情況下告白成功……。以機率論來說，這些奇蹟並不是不可能發生的。

能夠瞭解到這樣的奇蹟有多麼難能可貴，也是閱讀本書的樂趣之一。

以各種觀點看數字

　　這本書不只會介紹各種事件的機率（統計），也會介紹這些事件的軼聞以及解讀方式。就算數字看不太懂，也會因為獲得其他相關資訊或不同的新觀點，而看出數字中的深奧。看似不起眼的雜學也能小兵立大功！

　　透過解讀數字讓人生變得更加豐富，是我希望大家能好好珍惜的一件事。要從各種觀點去看數字，試著思考數字背後的各種涵義。因為看待事物的觀點增加了，就意味著更多的選擇。

　　我希望你們在看待數字時，有時是用正確的方式去看待，有時是開心地想怎麼解讀就怎麼解讀，讓這些數字成為讓人生更加開心、更豐富的一臂之力。

　　畢竟，我們每個人出生在這世上的機率都是幾乎不可能發生的0.000000000000134％。看著這個神祕的生命數字，想著自己能活在這世上，這本身就是一個奇蹟，那麼我們的人生一定也會變得更加有趣。

遇見
奇蹟的
機率

誕生在這世上的機率

0.000000000000134%

（ 1.34×10^{-13} ％）

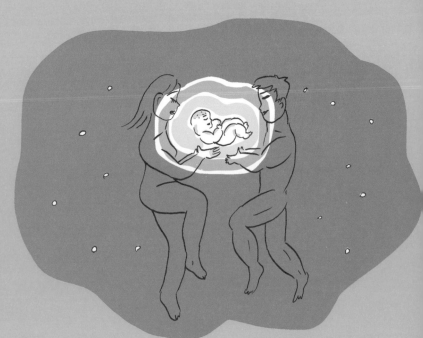

生在這世上
就是一種奇蹟！

　　人的生命誕生於一顆男性的精子與一顆女性的卵子相結合。女性一生製造的卵子數量約為400顆，而男性在11～75歲之間平均會製造3兆5,000億顆精子。若考慮到年齡因素，年紀太小或太年長的男性都沒辦法生育下一代，約有一半的精子是無用武之地的，也就是說只有1兆7,500億顆精子有機會受精。

　　人的誕生機率為0.000000000000134%，這是以女性的卵子數量乘以男性的精子數量計算出來的受精機率，再根據美國國家生命統計系統上的平安誕生機率所推算出來的數字。而這項機率的計算前提是自己的父親與母親原本就存在於這個世界上。

　　所以，如果再加上父母親誕生的機率、父母親的父母親誕生的機率，以及父母親相遇的機率等等，「自己」能夠誕生的機率幾乎是零。每一個人的存在都可以稱得上是一種奇蹟。

根據以色列的耶路撒冷希伯來大學與美國的西奈山伊坎醫學院在2017年夏天進行的調查顯示，過去40年間，歐美國家以及澳洲、紐西蘭的男性精子數量平均下降逾一半以上。這些地區的男性精子數量下降的原因不明，但為了地球的將來，還是希望男性們都能好好地保重身體。

人與人相遇的機率

0.0000000127%

（1.27×10^{-8}%）

隔著6個人就能認識任何人!?

　　根據聯合國人口基金（UNFPA）公布的《2021世界人口白皮書》，2021年的世界人口數為78億7,500萬人。以最簡單的方式來計算，一個人與世界上另一個人的相遇機率是78億7,500萬分之一。這麼一想，不論是同一間學校的人、同一間公司的人，還是朋友、戀人、家人等等，我們與身旁每一個人的緣分簡直是種奇蹟。

　　說到這裡，各位知道「六度分隔理論」嗎？只要透過6個人的介紹，你就可以認識世界上任何一個人。這個理論假設每個人平均會認識44個朋友，透過這44個朋友，每個朋友又有44的認識的人，往外擴展6層後，也就是44的6次方，有機會認識的人其數量會超越世界的總人口數（理論假設的當時），這意味著每個人都能與世界上的任何一個人產生聯繫。

　　美國的心理學家史丹利・米爾格蘭在1967年進行了「小世界實驗」，驗證了「透過認識的人再去結識他認識的人，一直進行下去的話，就能輕而易舉地認識世界上的任何一個人」的假說，證實了六度分隔理論。

　　社群媒體也經常引用六度分隔理論的概念。根據Facebook在2016年2月公布的調查結果，Facebook上的使用者其平均分隔度為4.57。在2011年，還有一個類似的實驗由義大利米蘭大學與之共同進行，結果顯示分隔度為4.7度。也許人與人之間的距離已經在這5年間變得更加靠近了。

有兄弟姊妹的機率

75.2%

吵吵鬧鬧
也是一種幸福

‧‧

　　日本的獨生子女比例在2015年為18.6%。若扣除未生育的家庭，有75.2%的日本國民至少都有一位兄弟姊妹。想到這麼多的人都有兄弟姊妹，也讓人多少放心一點。畢竟現在是少子化時代，獨生子女的比例在1977年為11%，到了2010年為15.9%，變化不算太大，但比例確實是增加了。不曉得這麼說適不適合，其實這個數字是有陷阱的，如果照著印象去看待數字的話，也會讓人覺得空歡喜一場。例如：假設現在有3個人，一人是獨生子女，二人是一對兄弟，這時獨生子女的人有1人，而有手足的人有2人。再假設現在有一人是獨生子女，還有一組3兄弟，這時獨生子女是1人，而有手足的人則是3人。也就是說，實際上有手足的人數會被多算1次或2次。這樣來看，實際上有手足的比率會再稍微低一點。機率看起來的確很高，但正常來說似乎不可能存在這樣的數字。

　　而且，再過不了多久就是2026年了，目前預估日本在2026年的出生率將會下滑。日本自古以來也使用干支紀年，而2026年在六十干支中為「丙午」年。習俗認為丙午年出生的女性「脾氣大，會把丈夫吃得死死的」，上一次的丙午年（1966年）就有許多夫妻避免生小孩，造成那年的出生率比其他年份低很多。

　　順帶一提，1966年出生的知名女性有小泉今日子、鈴木保奈美、齊藤由貴、有森裕子、江角真紀子等人。不曉得2026的丙午年又會誕生哪些知名女性呢？

実現小時候夢想
的機率

22%

5人當中有1人
會實現夢想?

各位小時候有夢想過自己長大後會從事的職業嗎?

根據某項調查,有9%的人長大後的工作就是小時候的夢想職業,有13%則從事跟小時候夢想的職業相關的工作。比例總計為22%,也就是說每5人就有1人以某種形式實現小時候的夢想。沒想到有這麼多人都是從事自己的夢想職業。

不過,每個人認為的「小時候」未必都是同樣的年紀。如果是小學高年級或國高中的話,也許都已經知道自己擅長與不擅長哪些事情了,肯定有人是在有辦法實現的範圍內選擇一個職業當成自己的夢想。隨著年紀增長,想當職棒選手或偶像的人就愈少,選擇公務員、幼保人員、幼兒園或小學老師等穩定職業的人則愈來愈多。

小時候的夢想職業也會隨著時代的不同而有所改變。日本在1990年代發展職業足球聯賽,當時就有非常多的男孩子都想成為職業足球選手;碰上日本眾議院的選舉年,夢想成為政治家的孩子也比往年多許多,時代背景深深影響著孩子對於未來的夢想。

在2021年調查小學生的夢想職業,男生的第一名是遊戲開發者、程式設計師,女生的第一名則是漫畫家、插畫家、動畫師。在綜合排名中則由YouTuber榮登小學生的夢想職業冠軍寶座。

即使受歡迎的職業隨著時代在改變,我還是希望將來仍是一個能讓小孩子開心談論夢想的世界。

出處:ディップ株式会社 ユーザーアンケート 子供の頃に就きたかった仕事(2016年)
株式会社ベネッセホールディングス 2021年の出来事や将来に関する小学生の意識調査(2021年)

會喝酒的機率

56.4%

沒想到有這麼多人不會喝酒！

在日本人當中，完全不會喝酒的人約有4.2%，勉強能喝一點的占39.4%。也就是說，很會喝酒的跟不會喝酒的大約各半。有辦法開心飲酒的人似乎比我們想像的還要少。

相反地，歐美人或非洲人幾乎人人都會喝酒，其中最大的差別就在於遺傳基因造成的體質差異。

酒精會在肝臟內分解成具強烈毒性的乙醛，再藉由乙醛去氫酶（ALDH2）分解，消除乙醛的毒性。屬於蒙古人種的日本人其體內大多缺乏ALDH2，導致乙醛累積在體內。因此，許多人在喝酒之後都會出現宿醉、臉紅、頭痛或噁心想吐等不適症狀。

有些人覺得聚會時不喝酒的話會很尷尬，不過，其實有將近一半的人都不會喝酒，所以並不需要因此而感到自卑。現在的社會反而會譴責那些強迫別人喝酒的人。而且，最近無酒精飲料的市場也持續在成長，2020年更創下新高。無酒精飲料的味道改良得比之前的更好，對身體也有好處，今後的市場應該也會持續成長。

假如你是喜歡喝酒且又能喝酒的人，那真的要好好感謝自己的體質。畢竟無法盡情喝酒的日本人約有50%，所以能盡情暢飲真的是件很值得慶幸的事。愛喝的人適量的喝，不能喝的人別逞強，希望各位都能按照自己的節奏來享受飲酒的樂趣。

原田勝二 Journal of Anthropological of Nippon, Vol. 99, No. 2, 123-139, 1991
サントリーホールディングス株式会社 サントリー ノンアルコール飲料レポート2021

活到100歲的機率

男性1.63%
女性6.65%

身心的健康
比長壽更重要

　　截至2021年的老人之日（9月15日）時，日本百歲以上的人口數為8萬6,150人，比前一年增加了8％左右。真不愧是長壽大國！這也許真的是因為日本人擁有百歲基因與生活環境。

　　在100歲以上的人瑞當中，有9成左右為女性，有7萬6,450人；男性人數則為1萬60人，首度突破萬人。根據日本第22回生命表，100人中能活到100歲的男性為1.63人，女性為6.65人，這比例也相當懸殊。有個說法認為男女性的壽命差異在於「女性在生物學上比男性更強健」。日本人從以前也認為女娃娃比男娃娃好養、女孩子長得快，大人更放心等等。如今，出生的男嬰人數通常都大於女嬰，但隨著年紀愈來愈大，男性與女性的人數會慢慢趨近，到了60歲左右女性人數便會超過男性人數。

　　除此之外還有這樣的說法，女性激素有助身體健康、女性的基礎代謝較低，消耗較少的熱量就能活得比男性好等等，但確切原因至今仍未有定論。女性比男性長壽不只出現在已開發國家，世界各地也愈來愈多這樣的情況，因此WHO（世界衛生組織）似乎也在進行研究。

　　不過，最近大家更在乎的是如何活出健康人生，反而不那麼在意可以活到幾歲。努力保持身體健康，想必就能做更多想做的事，也能享受漫漫歲月。

出處：厚生勞働省　第22回生命表（完全生命表）の概況（2017年）
令和3年 百歲以上高齡者等について（2021年）

有家可歸的機率

99.99%
（東京都）

不論是怎樣的家 都值得感謝

根據日本厚生勞動省公布的資料，東京都在2017年的遊民人數為1,397人。若以東京都的人口總數約1,300萬來計算，表示約有0.01%的人為遊民。不過，這個數字並不包括網咖難民，若將這些人也算在內的話，數字應該會再高一些。東京都宣布將在2024年前讓遊民人數歸零，但這並不是件簡單的事。不只日本，全世界的已開發國家皆有棘手的遊民問題，其中也包含遊民大國美國。根據美國住宅及城市發展部（HUD）表示，美國的遊民人數已連續4年不減反增（2020年公布）。在2019年有過無家可歸經驗的比例中，加利福尼亞州為28%、紐約州為16%、佛羅里達州與德克薩斯州皆為5％。即使是社會福利相對完善的歐盟國家，也面臨著遊民增加的問題。如此一想，不論現在住的地方是父母的家還是租來的房子，我都再次地慶幸自己是個「有家可歸」的人。

另一方面，最近出現了一種「不必有個家」的多據點生活型態，愈來愈多人選擇這樣的生活方式。例如：所謂的Address Hopper就是其中的一種，這些人沒有一個固定的住所，他們生活在各個地方到處移動。這種生活型態的優點在於可以實踐自由生活、不必支出許多固定費用、可以減少個人物品等等。時代在改變，也許「家」的型態也在改變。

在40人的班級中
同一天生日的機率

89.12%

直覺也有失準
的時候

計算同班同學中同一天生日的機率時，可以先算出「全班同學的生日都不一樣」的機率。例如：1年以365天計算，2個人的生日在不同天的機率為364/365，所以2人生日在同一天的機率就是1－364/365。

如果是3個人的話，就把第1個與第2個人生日不同天的機率乘以第3人與前2人生日不同天的機率，再用1去扣，也就是1－（364/365×363/365）。所以如果是40個人的話，就是1－（364/365×363/365×……×326/365）。附帶一提，如果是23人的話，有同一天生日的機率為50.7%，70人的機率則為99.9%。

姑且不論這個算法是否複雜，應該有許多人會對於這個機率表示懷疑吧！我想這是因為他們不小心把自己的生日帶入這個問題了。這裡說的機率是「班級中的某人與某人的生日在同一天」，而「同班同學中有人的生日與自己的生日在同一天」的經驗並不是人人都有的，所以就直覺地認為這種機率怎麼可能這麼高。順便跟各位分享，班上有人的生日與自己的生日在同一天的機率是用另一種方法算出來的。如果是40人的班級，機率就是1－（364/365）^{39}＝10.15%；比起跟「班級中的某人與某人的生日在同一天」的機率確實相差不少。

另外，也有一項數據證實「70人中出現同一天生日的機率為99%」。日本職棒的每隊人數通常是70人左右，在12支職棒隊伍中，幾乎每隊都有在同一天生日的人，這完全印證了這個機率。

Chapter 3

好運
降臨的
機率

找到四葉幸運草的機率

0.01～0.001%

不易遇見的
幸運象徵

　　四葉酢漿草會帶來好運。各位真的看過四葉酢漿草嗎？實際看過四葉酢漿草的人真的是超級幸運兒！因為找到四葉酢漿草的機率只有0.01～0.001%。也就是在1～10萬株酢漿草中才能找到1株四葉酢漿草。四葉酢漿草的出現是因為基因突變，而突變的機率大約是十萬分之一。怪不得我們怎麼找都找不到……。四葉酢漿草代表幸運也不是毫無道理的。

　　實際上，基督教自古以來便認為酢漿草的第四片葉子是幸運的證據，也相信在夏至夜裡摘下酢漿草可以驅魔避邪。另外，也有人把四葉酢漿草比喻成十字架，認為四葉酢漿草會帶來好運。或許這些關於四葉酢漿草的說法都受到基督教的影響。傳說夏娃被趕出伊甸園時，帶走了具有神秘力量的四葉酢漿草。

　　話說回來，根據《芝加哥論壇報》（美國中西部的報紙）的報導，有一位住在阿拉斯加州的愛爾蘭人，名叫愛德華・馬丁，他蒐藏16萬枚以上的四葉酢漿草，而且這些四葉酢漿草都是他自己找到的。光是找到1株四葉酢漿草就已經是夠難的了，沒想到他竟然找到16萬株！這個人絕對是受神眷顧的幸運兒。想要得到好運的話，也許蹲在草地上慢慢找也是一個辦法。

撿到全壘打球的機率

0.0406%
（2019年）

在觀眾席上
撿到全壘打球!!
英雄專訪

我的天啊～
真不敢相信

Q.請問你撿到全壘打球
的感想是？

撿到球的人
也是英雄!?

　　全壘打球的附近總會有大批球迷一擁而上，那人數也是令人歎為觀止。許多棒球迷都知道在東京巨蛋舉行的球賽特別容易出現全壘打，若以2019年在東京巨蛋的比賽場數、觀眾人數，以及該年的全壘打數來計算，觀眾撿到全壘打球的機率為0.0406%。0.0406%＝2464分之一，也就是觀看2,464場比賽才會在其中的某一場比賽中撿到一顆全壘打球。罕見的程度相當於34年來每天都去東京巨蛋才有機會撿到一次全壘打球。我這30年來幾乎每年都會去球場看比賽，但一次都沒有撿過全壘打球……。

　　順帶一提，全壘打數等其他因素也會影響到觀眾撿到全壘打球的機率，所以每年的機率都不一樣。2021年由於新冠疫情的影響，造成比賽的觀眾人數減少，撿到全壘打球的機率提升到0.113%。若希望接到全壘打球，建議可以選擇左外野的界線標竿附近的位置。

前美國職棒大聯盟球員貝瑞・邦茲在職棒生涯中共擊出762支全壘打，成為美國職棒的生涯全壘打紀錄保持者，也創下單季73支全壘打的紀錄。他在2007年8月打出生涯第756支全壘打，刷新漢克阿倫保持了40年的紀錄。那顆全壘打球被一名22歲男子撿到，據說後來在網路上進行拍賣，最後以75萬2,467.20美元（約8,600萬日圓）成交。

手機號碼
出現生日的機率

0.00000667%（3碼）
（6.67×10⁻⁶%）

0.00000556%（4碼）
（5.56×10⁻⁶%）

平凡無奇的號碼也是超幸運的證據！

看見時鐘上的時間或車牌號碼跟自己的生日恰好相同時，就會讓人覺得有點開心。

日本的手機號碼為11碼，前3碼固定都是090或080、070。有人計算出手機後8碼中出現自己生日的機率，如果生日日期是3個數字，例如：1月23日、10月5日等等，則手機號碼出現生日數字的機率為0.00000667％；若生日日期為4個數字，例如：11月10日、12月24日等等，則手機號碼出現生日數字的機率為0.00000556％。另外，若是用2個數字就可以表示的生日，則機率為0.00000778％。

這真是微乎其微的機率阿。我想應該也沒有什麼人會在意，不過各位還是可以把手機號碼拿來對對看。假如後8碼中出現自己的生日，那真的是超級幸運的！

在日本辦新的手機號碼時，電信公司通常都會提供3組的後4碼數字供客戶選擇。大部分的人都會直接從這3組號碼中選擇1組，但其實也不是只能從這3組號碼中來挑選。日本有代售電話號碼的公司，有人就會透過它取得跟生意有關的吉利諧音號碼，例如：肉品店的0298（諧音為肉舖）、溫泉旅館的4126（諧音為『好溫泉』）等等。不過，購買這些代售的電話號碼少則數萬日圓，多則數百萬日圓。問我要不要多花點錢買含有自己生日數字的電話號碼？我大概不會考慮吧。

看見彩虹的機率

2.25%
※因地而異

條件滿足就容易
看見彩虹？

　　看到雨後天晴的空中出現七彩霓虹，就會讓人無條件地心情變好，覺得今天會發生好事。若以數字而言，看見彩虹的機率也是個十分幸運的數字。

　　由於雨後的空氣中會飄浮著水珠，光線經過水珠產生折射或反射後，便會在太陽對面的空中形成彩虹。根據某項研究顯示，一年平均有8.2日可觀測到彩虹，換算後也就是每年有365分之8.2＝2.25％的機率會出現彩虹。我想有些人可以接受這個數字，但應該也有人無法接受吧！因為居住地的地形與氣候也會影響到看見彩虹的機率。

　　舉例來說，山間容易下雨，雨後放晴的次數多，看見彩虹的機率相對比較高。特別是坐擁琵琶湖的滋賀縣，據說在風景秀麗的湖畔常有機會看見彩虹。同樣的，位於北海道上川盆地的美瑛町，也是眺望彩虹的絕佳景點。美瑛町位處於天氣瞬息萬變的地形上，幸運的話也許就能看見雨後天晴的彩虹與此地一望無際的丘陵風光相互輝映的景色。不過，正午前後的太陽已經爬升至較高位置，此時的光線映照不出彩虹，因此建議在早晨或傍晚的雨後抬頭望向太陽的相反側，會更有機會看見彩虹。

　　日本氣象公司的網站天NAVI（天氣Navigate）也有彩虹預報專區。網站上可以選擇市區村町，以顯示該地區當日上午或下午能看見彩虹的可能指數，指數共分8個等級。

路上遇到跟自己穿同樣衣服的人的機率

6%

與其覺得丟臉
更應覺得幸運才對

　　興高采烈地穿著新衣服出門，結果竟然遇到穿一樣衣服的人，超尷尬的……。

　　想必一定有不少人都有過這樣的經驗。除非身上穿的是世上唯一的一件，否則肯定也會有其他人擁有一模一樣的衣服。這個機率出自一份問卷調查，訪問東京23區內的100位居民「去年是否遇過跟自己穿同樣衣服的人」。這100人當中有6個人曾經目睹「跟別人撞衫」的情景。

　　撞衫的經驗有多尷尬，印象就有多深刻；所以當他們聽到機率為6％時，說不定還會很意外地認為機率竟然這麼低。跟別人撞衫的情況反而很罕見，所以我們其實可以把它看成是一種幸運。

　　親近的朋友由於年齡、興趣上都比較接近，撞衫的機率應該會比較高。在路上跟不認識的人撞衫可能會覺得尷尬或丟臉，但如果是跟感情好的朋友撞衫，那應該會是一段很有趣的回憶。

　　最近，以環境等等為考量的永續時尚正在流行，致力於以各種方式減少時尚對於環境的破壞，例如：讓一件衣服可以穿得更久、活用衣物回收等等。附帶一提，日本在2019年供給的衣服量約為35億件，換算下來每人全年穿不到一次的衣服平均約有25件。

出處：スクール革命 数字でわかる人生の確率」（2013年放送）
環境省 SUSTAINABLE FASHION これからのファッションを持続可能に

年末JUMBO彩券
中頭獎的機率

0.000005%

（5×10^{-6}%）

別把買彩券當成賭博
要想成做公益

　　這是在日本買 1 張年末JUMBO彩券獲得頭獎 7 億日圓的機率。買10張彩券的頭獎中獎機率是0.00005％、100張是0.0005％。以機率來說，每100張就會中 1 張3,000日圓的獎項、每10張就會中 1 張300日圓的獎項。所以，如果買了100張連號的年末JUMBO彩券，花費是（300日圓×100張）－（3,000日圓×1張的獎金）－（300日圓×10張的獎金）＝ 2 萬4,000日圓。要是這100張彩券裡出現 7 億日圓的頭獎或 1 億5,000萬日圓的二獎，那真的是不得了的幸運！假如沒中獎也不用氣餒，就當成是花錢買夢想或做公益，下次再接再厲吧。畢竟，日本的彩券本來就是捐款救助的一環。

　　日本在戰後為了重建而開始募款，但由於完全募不到款，於是便開始發行彩券，規則是「彩券的一半收入用於復興、一半作為獎金」。至今，一樣有40％左右的彩券收入會用於公共事業。從前，興建東京都廳舍時就有人批評蓋得太過豪華了，但實際上並沒有花到半分稅金，工程費都來自彩券的銷售收入。比起其他國家，日本彩券的銷售收入可說是相當高的。日本還有賽馬、自行車競賽等國營賭博，收益為25％。在拉斯維加斯的賭場內，輪盤的莊家優勢是5.26％，但還是被抗議「莊家拿太多了」。

　　順帶一提，杜拜也有一種可用0.05％的機率抱回100萬美元（約 1 億日圓）的彩券，代價是一張 3 萬日圓。真不愧是有錢國家的遊戲。

賽馬中獎的機率

5.56%（單勝）
16.67%（複勝）
※18匹馬的情況下

不再是大叔的
專屬樂趣！

　　最近在賽馬場邊，出現愈來愈多的年輕人。有些是資深賭客帶著小孩一起來，也有把夜間賽馬場當成約會景點的小情侶，大家對賽馬的印象似乎跟以前不一樣了。

　　關於賽馬的中獎機率，若以最簡單的方式來算，在18匹馬中押中獨贏（第一名）的機率為1/18＝5.56%、押中位置（進入前三名）的機率是3/18＝16.67%。

　　厲害的馬跑第一名的機率雖然高，但因為投注的人相對多，所以該匹馬的賠率就比較低。相反地，乏人問津的馬雖然跑第一名的機率不高，但賠率高，萬一真的押中的話，手上的馬券就可能成為萬馬券，也就是用100日圓的馬券賺回1萬日圓以上，大賺一筆。要走安全路線，穩穩當地賺獎金，還是豪賭一把，砸錢買個夢想；為此冥思苦想也是賽馬的樂趣所在。最近有數據顯示，愈來愈容易出現所謂的萬馬券了。這是因為中央競馬會推出了像單T或三重彩一樣不易中獎的馬券。單T的玩法是選出前三名的馬匹，順序不拘；三重彩一樣是選出前三名的馬匹，但必須排序。三重彩中的萬馬券比例約為75%，目前最高派彩金額為2,900多萬日圓。押中三重彩的機率為1/18×1/17×1/16＝0.0204%。不過，既然萬馬券愈來愈多了，是不是表示中萬馬券的機率也跟著變高了？這則是另外一回事了。

　　現在的賽馬場愈來愈有趣了，或許在賽馬場隨意逛逛，順便買張賽馬券也是個不錯的選擇。

用掉的紙鈔再次回到自己手上的機率

0.000000000547%

(5.47×10^{-9}%)

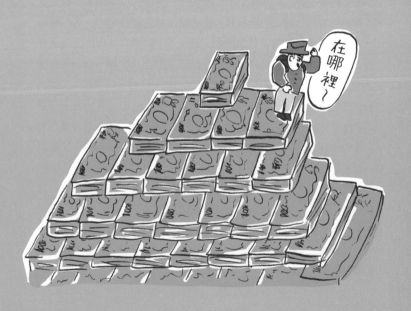

一旦脫手
就很難再相會

根據日本銀行的調查，2021年最後一天在家庭、企業與金融機關跨年的紙幣金額總計為122兆日圓。換算成張數的話，約是182億7,000萬張。換個角度想，這就代表從自己手上花出去的1張紙鈔在輾轉各處後又回到自己手上的機率為182億7,000萬分之一，也就是0.00000000547%。

順帶一提，182億7,000萬張鈔票疊起來的高度約為1,827公里，相當於484座富士山疊起來的高度。橫著排的話大約是284萬公里，相當於繞地球約71圈、7倍地球到月球的距離左右。

根據公益財團法人國際貨幣研究所（IIMA）於2021年的報告，在個人消費支付方式中，現金支付的比例正逐年減少。2010年度的比例為59.1%，而2019年度為40.5%，減少了20%左右；而信用卡、電子錢包的比例則是直線上升。日本銀行預計在2024年上半年發行時隔20年重新設計的1萬圓紙鈔、5,000圓紙鈔與1,000圓紙鈔。但如果現金數位化的趨勢不變，這些紙鈔很可能是最後一次發行的紙幣。

按照日本的貨幣損傷等取締法，若是損壞、熔解硬幣或紀念幣，將被處以有期徒刑或罰金，然而紙幣破損並不算違法。不過，有些店家並不接受塗鴉的紙鈔，ATM似乎也無法辨識塗鴉的紙鈔。假如真的想試試找回用過的紙鈔，還是先把鈔票上的編號記下來吧。

Chapter 4

不再杞人憂天的機率

明天死去的機率

0.000109%
（30歲男性與女性的平均）

我相信你
明天仍然還活著

各位曾經在無法入眠的夜裡害怕自己突然死去嗎？雖說人終有一死，但一想到死亡還是會讓人感到害怕。

日本是全球首屈一指的長壽大國，2021年的女性平均壽命為87.84歲，男性為81.64歲，雙雙創下紀錄。根據日本厚生勞動省的第22回生命表，能活到70歲的男性比例為80%，有62%的男性其壽命在80歲以上，約25%的男性其壽命在90歲以上，也就是每4名男性就有1人能活到90歲以上。這樣看來，長命百歲的機率真的相當高。

即使如此，看著每天出現在新聞上的可怕報導，還是不免讓人擔心發生意外事故或捲入某些事件而驟然離世……。我們都不曉得未來會發生什麼，所以很能理解「要把今天當成最後一天來過」這句話。

話說回來，明天死去的機率在30歲是0.000109%，相當低。20歲是0.000088%，40歲則是0.000208%。雖然年紀愈大，機率就愈高，但整體來說都是極低的機率。

要是遇上可怕的天災或是捲入危險的事件中，那該怎麼辦……。與其每天擔心這些、擔心那些，那麼不妨看著這個數字，也能讓人暫時放心，明天一定也沒問題的。

機上有乘客是醫生的機率

89%

空中英雄 真的存在！

「請問有哪一位乘客是醫生呢？」在電視或電影的飛機場景中，有各種呼叫醫生的機上廣播。根據日本某航空公司所公布的資料，當機上呼叫醫生時，挺身提供醫療援助的機率約為89%。

這個數據表示在100趟班機中，有89趟的班機上有乘客是醫療相關的從業人員願意回應機上的呼叫醫生需求。看到這個數字以後，不曉得是不是讓許多人安心了一點呢？

另外，近年來也出現了一些更為可靠的替代方案。2016年日本航空公司（JAL）與全日本空輸公司（ANA）引進了醫師登記制度。通過讓醫師事先登記，當緊急情況出現時，就能更快找到能夠提供醫療協助的專業人員。

補充說明一下，日本的醫師法第19條規定：從事診療的醫師若無正當理由，不得拒絕診察治療的要求。但在法律上，醫生並沒有義務一定要回應機上的「呼叫醫生」。但美國、加拿大等國家都有善良的撒瑪利亞人法（Good Samaritan law），讓在公共場所中出於善意提供緊急醫療援助的人能夠免除法律上的責任，但在日本尚未制定相關的法律。萬一未能成功救治對方，可能要背上損害賠償責任。

即使冒著這樣的風險也願意挺身而出，這樣的醫生絕對稱得上是超級英雄。

被隕石砸死的機率

0.0000625%

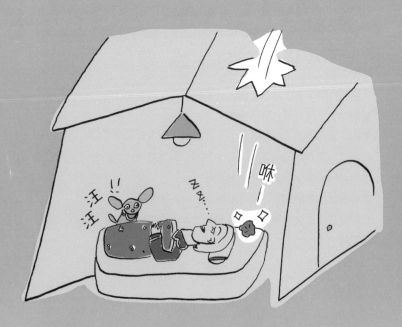

不用太擔心頭上
有隕石砸下

6,600萬年前，造成恐龍滅亡的原因中，最有說服力的說法就是隕石撞擊說。在地球45億年的歷史中，已經有無數的隕石墜落，那麼未來還會有隕石再次撞擊地球嗎？

根據美國杜蘭大學的地球科學教授史蒂芬‧A‧尼爾森的研究，死於這種對全球造成影響的大型小行星或彗星撞擊的機率為0.00133％。這麼高的機率不免讓人有些焦慮，但根據NASA（美國國家航空暨太空總署）的研究，會對地球造成重大災害的小行星在未來100年內撞擊地球的可能性非常小。

根據這位教授的研究，一生中被墜落在小範圍內的隕石、小行星、彗星砸死的機率則為0.0000625％，這種程度的機率應該可以讓人很放心，甚至都覺得不可能發生這種事。然而，就在2021年10月，有個人真的躲過險些砸在頭上的隕石，這起事件也引起了騷動。

碰上這麼小概率的事卻又幸運逃過一劫的幸運兒，是名住在加拿大卑詩省的女子。當時她在家裡睡覺，屋頂卻被某個東西破一個洞。她原本還不曉得發生什麼事，以為只是附近工地的碎片飛來砸破家中的屋頂而已。最後在警方及專業團隊的調查下，才確定砸破屋頂的正是隕石。其中一片隕石碎片就落在她的枕頭旁，假如再偏個幾公分，就可能直接砸在她頭上。據說墜落的隕石價值1億9,000萬日圓以上，也許這位女性真的就是受幸運之神眷顧之人。

被閃電打死的機率

0.00119%

人體避雷針
可不常見

近年來，不僅是在夏季，幾乎全年都會出現閃電、打雷。這並不是什麼特別的現象，我想任何人應該都經歷過，但雷電也有剛好打到人的時候，以至於打雷時還是會讓我感到有些緊張。

人在一生中因雷擊身亡的機率是0.00119%。換個方式來說，相當於在8萬3,930次的人生中有1次是死於雷擊。不過，每個國家或地區的打雷頻率不同，所以死於雷擊的機率也各不相同。

但就算死於雷擊的機率很低，學會如何避免雷擊還是一件很重要的事。一般認為打雷時待在室內是最安全的，但有時雷電也可能透過電線、電話線、天線等進到室內；因此，打雷時最好與電器用品、牆壁、柱子保持1公尺以上的距離。如果是在戶外的話，則要躲進附近的建築物或車裡避難。無法移動的話，就要與樹木、電線桿等高聳的物品保持1公尺以上的距離，並盡量壓低身體，把身上的物品抱在懷裡，別讓物品高於身體。

在美國維吉尼亞州的仙納度國家公園裡擔任護林員的羅伊·沙利文，從1942年至1977年的這幾年間分別在不同地點遭到7次雷擊，且7次都平安生還。這聽起來很難讓人相信，但他真的因此而創下金氏世界紀錄，生前也被稱為「人體避雷針」。

墜機死亡的機率

0.0009%

不會跟電影一樣的！

有人說飛機是最安全的交通工具，這是真的嗎？

根據美國NTSB（國家運輸安全委員會）的調查，搭乘飛機遇上空難的機率是0.0009%；若只看美國的國內航班，則為0.000034%。這是每天都搭乘全球各地的航空公司旗下的任何一架飛機，8,200年，才會發生一次死亡事故的機率。可見飛機真的是相當安全的交通工具。

不過，這並不代表飛機一直以來都是安全的交通工具。以美國定期航班的空難事故趨勢來看，1920年代的空難事故約是每飛行100萬英里出現一件左右，2008～2017年約是每飛行100億英里不足一件。飛機的安全性在這100年間已經有了顯著的提升。

現在遇上空難事故的機率非常小，假如真的不幸遇上了，獲救的機率也是微乎其微。這裡要跟各位分享一則被稱為「哈德遜河的奇蹟」的真實事件。2009年1月15日，全美航空1549號班機自紐約拉瓜迪亞機場起飛，因遭遇鳥擊造成兩側引擎完全停止運轉。這架飛機原本已經陷入絕境，只差幾分鐘就要墜毀了，但最終成功迫降在哈德遜河上，乘客與機組人員共155人皆平安生還。這都要歸功於機長的正確判斷，才挽救了全體人員的性命，堪稱是一場奇蹟。不過，科技日新月異，似乎也沒什麼必要等待奇蹟的出現。

沉船的機率

0.00024%

悲劇
不會常常上演！

　　「要是有錢又有閒，好想搭著豪華郵輪環遊世界啊！」腦袋裡雖然有這樣的念頭，卻又不禁想起鐵達尼號的悲劇。明明不應該沉沒的巨型豪華郵輪，卻在初次啟航時便沉入大海。沉船距今已有100年了，但這艘郵輪的故事至今仍未褪色，也讓人忍不住擔心起自己搭的船是不是真的沒問題。

　　若以2000年至2009年這10年間的數據來看，500噸以上的船隻翻覆、進水、沉沒的機率為0.00024%。從機率來看，似乎真的不需要太過擔心。

　　不過，各位都知道四面環海的日本有99%以上的進出口貿易都是仰賴海運嗎？要是沒有海運的話，我們的日常生活可說是完全無法維持的。也許我們平常並不會太在意船隻的存在，但多虧有了安全的海上運輸，才讓我們得以買到各種物品。

　　在日本，發生交通事故時所撥打的緊急電話是119，在海上發生事故時，則要撥打118，通報海上保安廳。海邊的休閒活動也可能發生危險，如：船隻翻覆、與水上摩托車碰撞、被離岸水流沖走、從防波堤跌入海中等。請各位記好海邊的緊急電話是118，以備不時之需。

出處：小田野直光、澤田健一、望月宙充、平尾好弘、浅見光史
放射性輸送物の海上輸送におけるリスク評価に関する研究—リスク評価のための海難事故データの整備—

0.0119%
（蚊子）

0.000000085%
（鯊魚）（8.5×10^{-8}%）

真正可怕的是身邊的生物!?

森林裡有熊跟野狼,大海裡有鯊魚,許多動物都讓人覺得很可怕,害怕被牠們攻擊。但其實奪走最多人類性命的是蚊子!根據2015年的調查,全世界約有83萬人死於蚊子的叮咬,以全球70億人來計算約占了總人口的0.0119%。

蚊子是生活中常見的生物,會透過叮咬來傳播病毒,像是:瘧疾、登革熱、屈公病、茲卡病毒感染症等。每年光是死於瘧疾的人數就高達43萬人以上。

日本也在2014年再次出現無國外旅遊史的登革熱病例,被懷疑是感染源的代代木公園等地也進行了噴藥滅蚊措施;這是日本時隔70年的本土性登革熱病例。看著新型冠狀病毒的流行,也讓人覺得與世界的距離似乎愈來愈近了,或許今後也必須注意蚊子所傳染的疾病。排名第二的致死機率為0.00829%,這算是下降許多了。那麼各位覺得是哪種動物造成的?答案是:人類。全世界每年約有58萬人是被名為人類的動物殺死的。排名第三的是:蛇。每年被蛇咬死的人類約有6萬人,比例為0.000857%。相較於那些大型猛獸,蚊子跟人類(排名前二名)似乎更為可怕,這讓人有點意外,也有點毛骨悚然……。不過,這是以全世界為範圍的機率,如果僅限於日本的話,又會是不同的機率。一想到蚊子竟然比人見人怕的熊跟鯊魚更危險,就覺得熊跟鯊魚好像也不是那麼可怕了。

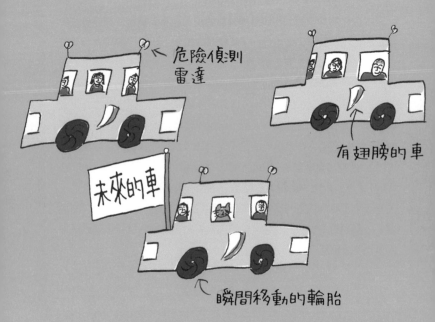

發生交通事故的機率

13.8%

零交通事故
再也不是夢！

　　這是日本人在80歲前發生汽車交通事故的機率。也就是說，10人當中有將近９人在80歲之前都不會遇上汽車交通事故。我想應該有許多人都會很驚訝這個機率，竟然比想像中的還要低。

　　而且，交通事故的件數確實也在逐年減少中。在60、70年代，日本全年的全國交通事故死亡人數曾超過1萬5,000人；幾年來，則降到3,000人左右。2021年４月８日更創下單日零交通事故死亡的紀錄。這是自1968年開始統計以來首次出現的數字！新聞上的交通事故報導不免讓人感到擔心，但其實交通狀況真的已經日漸改善了。

　　這也跟車輛的安全性能提升有關。車輛製造技術的驚人進步，像是：碰撞前自動煞車、在駕駛人昏睡前發出警鳴聲、以行車紀錄器留下事故畫面等等，都讓我們得以規避掉大量的風險。另外，警方加強取締惡意逼車與擋車、酒後駕駛等危險駕駛行為，也是其中一個原因。此外，說不定開車人數減少也是交通事故下降的原因之一。

　　交通事故的發生機率會受到當地人口數及交通量的影響。例如：愛知縣發生交通事故的機率為27.5％，高於全國平均。比起人口密度較高的地區，愛知縣的電車、公車等公共運輸相對較少，車流量相對較高，因此也比較容易發生交通事故。不過，日本全國的交通事故比例還是在持續下降中，實現零交通事故似乎再也不是夢了。

30年內發生
大地震的機率

99%

要有防災意識
也要做好防災準備

　　許多人都說總有一天還會發生大地震。日本內閣府曾表示：10年內大發生芮氏規模7.5左右的海溝型地震的機率約有60％，30年以內發生大地震的機率則高達99％。海溝型地震是海洋板塊與大陸板塊擠壓所造成的，311大地震及南海海槽地震都屬於海溝型地震。阪神大地震則屬於淺層斷層錯動的活動斷層型地震，未來30年內發生芮氏規模8左右的活動斷層型地震的機率大約是14％。

　　以上所說的都是機率，並不代表絕對會發生，但我們還是要抱持著「地震一定會發生」的態度，從現在開始就做好萬全的準備。在緊急糧食方面，我推薦各位使用循環儲糧（Rolling Stock）。平常採買時多買些食物，之後用完多少就補充多少，讓家裡隨時儲備一定數量的糧食，這樣不僅可以保持新鮮度，萬一真的進入非常時期，還是能吃到平時吃得慣的食物。

　　另外，大地震的經驗也讓日本加強了相關的對策。每當發生大地震後，政府就會再次修訂1950年實施的建築基準法中的耐震基準。目前的建築基準法規定，1981年5月31日前申請的建築物要能承受震度5級的地震不會損壞，而1981年6月1日以後申請的建築物則要能承受震度6～7級的地震不會倒塌。

　　先確認房屋的建築申請通過日期，似乎也是購房的重點之一。

遇上犯罪事件的機率

0.452%

因為犯罪件數不多才會被大肆宣傳！

「最近多了好多恐怖的犯罪事件……」看著電視或網路上的新聞，說不定心裡都會浮現這樣的想法。現在有些社會新聞確實都是前所未聞的兇殘案件，但其實犯罪事件的數量每年都在大幅度減少中。

根據日本政府每年公布的犯罪統計，犯罪件數在2016年為99萬6,120件，到了2021年已降低至56萬8,104件，在這5年間至少減少了42萬件以上。

若從犯罪的類型來看，兇惡犯（殺人、強盜、縱火、強暴等）的件數從5,130件降至4,149件、粗暴犯（暴力行為、傷害、脅迫、恐嚇等）從6萬2,043件降至4萬9,717件、竊盜犯從72萬3,148件降至38萬1,769件、智慧犯（詐欺、侵占等）從4萬5,778件降至3萬6,663件、風俗犯（賭博、猥褻）從1萬385件降至7,880件，所有類型的案件都在減少中。根據2021年的人口資料來計算，日本人遇上犯罪事件的機率為0.452%。

以2016年的數據來計算，遇上犯罪事件的機率有0.785%，可見社會治安已經一年比一年好了。常有人說「弄丟錢包還找得回來的國家大概只有日本了」，其實日本的犯罪案件數也遠遠低於其他已開發國家，是個能安心生活的安全國度。正因為犯罪件數少，所以只要發生一起就會引起騷動，更容易讓人注意到。其實我們不應這麼容易就受新聞報導的影響。

Chapter 5

讓人放輕鬆的機率

得到花粉症的機率

49.6%

不受花粉症困擾
的未來正等著我們!?

　　日本ANGFA公司曾經進行過一項問卷調查，在全國47個都道府縣訪問100位居民，詢問他們是否有花粉症。受訪人數總計4,700人，其中沒有花粉症的人數比例為50.4%；其餘的49.6%的人則覺得自己多少都有些花粉症的症狀。也就是說，日本人當中每２人就有１人受花粉症所苦。

　　造成花粉症的主要原因為柳杉花粉。柳杉林的面積占日本全國森林面積的18%，約是國土面積的12%。北海道的柳杉花粉飛散量遠遠低於其他地區，沖繩則幾乎看不到柳杉木。所以，住在都市的人其實更容易有花粉症。

　　都市裡的水泥建築與柏油路並不會吸收花粉，導致花粉一直飄散在空中，讓人更容易吸入。吸入的花粉與廢氣中的微粒子增加了過敏症狀的發作機率。因此，環境也是一個重要的影響因子。

　　「今年的花粉是去年的〇倍！」聽到這些訊息不免讓人有些焦慮，但說不定柳杉花粉的飛散量在不久的將來會愈來愈少，再也不用憂慮花粉帶來的困擾了。日本林野廳已經實施了「花粉源頭對策」，砍伐大量的柳杉林，改種花粉較少的杉木。2019年培育的杉木樹苗約有５成是花粉較少的杉木樹苗，這也是值得高興的好消息。杉木的品種研究更是持續進行中，無花粉的品種似乎已經育種出來了。受花粉症所苦的人們終於看見光明的未來了。

出處:アンファー株式会社　47都道府県 ニッポン健康大調査(2019年)
林野庁における花粉発生源対策

電車誤點的機率

58.5%

（東京生活圈45條路線的平均值）

證明書

以資證明列車
延誤60分鐘

感謝您的搭乘

南日本鐵道株式會社　站長

累積再多福報
也躲不過電車誤點

‧‧‧

　　放眼全世界的列車誤點情況，讓許多人覺得日本的電車不會誤點，可是在早上的通勤、上學時段，卻又常常遇到列車誤點的情況。「唉，電車又誤點了⋯⋯」尤其是住在東京的人，應該都曾經因為列車誤點而焦急不已吧？

　　針對東京生活圈的JR鐵道、地下鐵、私營鐵路共45條路線，比較2018年度每月（平日20天）所發行的列車誤點證明書後發現，最常誤點的是地下鐵千代田線，每月平均延誤19.2天，誤點機率高達96％！其次是中央快速線‧中央本縣（東京－甲府）與中央‧總武各站停車（三鷹－千葉），每月平均誤點19天；第4為小田急線，總計18.8天。這四條路線的誤點天數都相當驚人⋯⋯。而誤點最少的則為東武野田線，平均每月僅有1.1天，即5.5％。

　　現在知道原來電車的誤點率這麼高，以後大概就不會覺得自己運氣差了，而是無奈地接受這無可奈何的情況。遇到電車誤點絕對不是因為自己的運氣差，是發生的機率太高了，想躲也躲不了。

　　另外，調查每條路線發生誤點的原因後發現，10分鐘以下的誤點約有54％的原因都是跟上下車相關的，包括：上下車時間過長、車門再度開啟等等。

　　近年來，鐵道公司也採取了相應措施，在各月台上設置閘門，以保障乘客的安全，也有效地解決了電車的延誤。至2019年3月底，日本全國已有858個車站設置月台閘門。未來仍會持續實施這樣的對策，期望打造出更加安全的乘車環境。

出處：国土交通省 東京圏の鉄道路線の遅延『見える化』（平成30年度）

長出白頭髮的機率

100%

欣然接受好看的
白髮吧

　　根據花王股份有限公司的調查，30～34歲的人中最少有1根白髮的人約有49％，比例幾乎是一半。40～44歲的人則有90％左右，50～54歲的人大約是98％，而55歲以後是100％。看來上了年紀後，長出白頭髮也是自然的事。

　　據說「拔掉白頭髮就會長得更多」，這其實是沒有根據的謠言。不過，也不能因為是謠言就覺得「既然不會長得更多，我又那麼在意，不如……」而動手拔白頭髮。萬一傷害到毛囊，造成頭皮發炎，可能就再也長不出頭髮了。

　　話說回來，雖然我們都使用「白頭髮」這種說法，但其實我們的髮色並不是真的變白了。頭髮的顏色原本是透明的，是毛基質細胞在進行細胞分裂、形成頭髮時添上了黑色素，所以才會呈現黑色、棕色、金色等顏色。但年紀、遺傳、壓力等因素都會造成黑色素不易形成，當毛基質細胞少了黑色素，頭髮就不會形成任何顏色，只會呈現原本的透明色。髮絲看起來之所以是白色的，是由於光的漫反射造成的。附帶一提，北極熊的毛與雪的結晶其實也都是透明的，同樣是因為光的漫反射看起來才會是白色的。

　　基本上過了40歲以後，白頭髮就是我們的標準配備了。現在頂著一頭灰白髮的人也愈來愈多了，如果把白頭髮想像成北極熊身上的毛、銀白的雪花，感覺好像就沒有那麼糟糕了。灰白髮在光線的照射下有時也會閃耀著光芒，要是各位長出白頭髮，請務必仔細觀察一下。

禿頭的機率

約30%

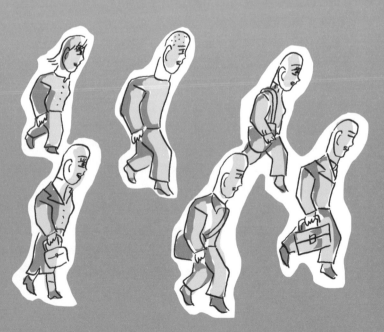

自然的模樣
也很帥！

英國的大眾報紙《太陽報》在2021年時公布「全球10大最性感禿頭男人」排行榜，第一名為英國王室的威廉王子。雖說禿頭的樣子也能成為一個人的魅力，但應該不代表人人都樂意變成禿頭吧。

掉髮的原因有很多，例如：年紀增加、壓力過大、髮型用品造成的外部刺激等等，然而最大的原因還是雄性禿（AGA）。雄性禿是一種由雄性荷爾蒙引起的疾病，日本男性每3人就有1人有雄性禿的問題，機率高到都要讓人放棄掙扎了。

年輕男性有雄性禿的問題並不算罕見，甚至有10多歲就發病的。大約有10%的20多歲男性有雄性禿的問題，30多歲的約有20%，40多歲的約有30%，50多歲的則有40%，年紀愈大比例也愈高。

雄性禿是一種行進的過程，放著不管的話，情況會愈來愈明顯，愈年輕惡化的速度愈快，這也是雄性禿的特徵之一。當掉髮增加、頭頂的髮量愈來愈稀疏，隱約可見到頭皮時，就應該盡速前往醫療院所進行診治。另外，女性同樣也會有雄性禿的問題，稱為女性雄性禿（FAGA）。女性雄性禿的成因及症狀與雄性禿不同，但都可以透過治療加以改善，今後的醫療發展也相當令人期待。

禿頭是隨著年紀的增加而出現的自然現象。想成是自己對人生的態度造就了這副性感的模樣，說不定會讓自己開心一點。

減肥失敗的機率

35.1%

減肥成功的人
更少見!?

　　明明已經忍住不吃美食，也努力讓自己動起來了，結果卻完全沒瘦下來。體重好不容易下降了，卻又馬上彈回去，有時還變得比以前更重……。減肥真的不是件容易的事。

　　RIZAP股份有限公司以日本47個都道府縣的20～69歲男性與女性為調查對象，進行了關於減肥成功或失敗的調查，受訪者中有35%的人有減肥經驗，女性中則有59.6%有減肥經驗，但都失敗（體重回彈、比之前更重）。

　　以數據來看，減肥成功率最高的地區為滋賀縣，失敗率最高的則是山梨縣。

　　若只看女性的調查結果，可以發現有超過一半的女性都曾經減肥失敗，感覺起來好像到處都找得到減肥失敗的同伴。就算失敗了也別輕易放棄，請記住「減肥本來就可能會失敗」，一定要再接再厲。不過，切勿過度控制飲食，否則反而容易引起體重反彈。

　　其實，體重反彈是任何人都會出現的自然防禦機制。體重一旦下降，大腦就會判斷身體是處於飢餓狀態的，並促使身體恢復原本的體重。一般認為，1個月內減少的重量若在原本體重的5%以上，大腦就會切換到「生命受到威脅」的模式。減肥不能只看短期的體重增減，而是要有長遠的目光與計畫才能提高成功的機率。

100題 4 選 1 的選擇題全部答對的機率

0.000000000000000000000
000000000000000000000
0000000000000000622%

（6.22 × 10^{-59} %）

Q100

正確回答這個問題的機率是

A 25%

B 0%

C 100%

D 9.18%

100題全對與
100全錯都很難！

　　選擇題是試卷中常見的作答方式，選項中一定會有正確的答案，那麼如果全部都用猜的話，大概能答對幾成呢？

　　假設有100題4選1的選擇題，隨便亂寫且全部答對的機率是小數點後有58個0。想要全都猜對，那簡直是在做白日夢。相反的，正確回答1題4選1選擇題的機率為四分之一，也就是0.25，25%。答對的機率算是相當高的，但若想要連續答對100題，就代表答對1題的幸運必須持續出現100次，也就是0.25乘100次。反過來說，100題全錯的機率則是0.75^{100}＝0.0000000000003207……＝0.0000000000321%，幾乎也是接近0。

　　但100題中答對25題的機率居然高達9.18%！也就是說不管再怎麼隨便作答，11題當中至少有1題能在4個選項中猜到正確答案。這真是機率美妙的地方啊！

日本自2021年開始實施大學入學共通考試，並預計在2025年增加論述式題目，與大學入試中心試驗同樣採用電腦閱卷的作答方式。數學科目的作答方式中因為有選項0～9的選擇題，所以沒辦法直接參考這個機率。不過，即使不會也千萬別放棄作答，說不定幸運之神還是會眷顧你的。

婚後發福的機率

男性34.7%
女性24.0%

「幸福肥」
全世界都有！

　　各位也許常聽人說結婚後身材就開始走樣了，還被另一半抱怨「跟婚前比根本就是不同的兩個人」。

　　結婚後的肥胖情形就是所謂的幸福肥。日本MYNAVI公司以20～59歲的已婚男女性共346人為對象，進行了婚後的體型變化調查。結婚後比結婚前胖的男性約有34.7%，女性則有24.0%。

　　3名男性中就有1人回答婚後變胖了，主要原因是食量比未婚時期增加許多，包括改成一天吃三餐、餐點的量增加等。女性變胖的理由則有吃的東西變多了、晚上會喝一杯等。因為是跟著丈夫一起吃吃喝喝，不小心才讓體重失控的，有部份的女性則是因為懷孕、生育才導致身材走樣的。但有些人反而是婚後才變瘦的，男性的比例為6.0%，女性為9.5%。男性回答最多的原因是飲食變健康了。

　　瑞士巴塞爾大學的研究團隊以奧地利、法國、德國、義大利、英國等歐洲國家共1萬226人為對象進行調查，未婚男性的BMI值平均為25.7，已婚男性為26.3；未婚女性為25.1，已婚女性則為25.6。也許「婚後就會變胖」是全世界的共通現象。

Chapter 6

人生
大改變的
機率

與初戀結婚的機率

1%

初戀還是有機會開花結果！

初戀就要留在美好的回憶中⋯⋯。那可不一定。

日本Lifenet壽險公司蒐集了1,000位有初戀經驗的20～59歲男女性問卷，結果顯示有 1 % 的人其初戀對象是現在的配偶或訂婚對象。

根據調查顯示，日本人的初戀平均年齡為10.4歲，最多人發生在小學前（6歲以下）占27.7%，再來依序為小學高年級（11～12歲）、小學終年級（9～10歲）、國中（13～15歲）。各位不覺得能夠跟小學時期甚至更早以前喜歡的人走到最後是相當幸運的事嗎？

關於初戀對象最多的是同級生，比例為75.3%，再來依序為高年級學生、幼兒園同學或學校老師、學長姐；回答初戀對象是藝人、棒球選手、動漫人物的比例也有2.4%。

跟國小以前喜歡的對象結婚的人，有些是在長大後與對方再次相遇後才再續前緣的。不過，也有37.1%的人回答希望再次遇見初戀對象，有57.3%的人不希望再相遇。不希望再相遇的主要原因是沒有那種一定要見到對方的特別情感、想讓回憶維持在最美好的模樣。

長大後彼此的容貌、性格，甚至是喜好與價值觀都跟小時候不一樣，如果重逢後依然覺得對方是個好對象，而且也真的有情人終成眷屬的話，那肯定是無法寫成數字的稀世幸運了。

交友APP也成為標準的交友配備！

　　日本的婚活服務一直持續地發展出各種型態，像是最常見的婚姻介紹所，交友APP、婚活網站、婚活派對等等。使用婚活服務的人約自2017年起開始急速增加，各種平易近人的婚活服務已是追求有效婚活不可或缺的管道。

　　在以戀愛或結婚為前提的未婚人士中，有約27.2%的人都曾經利用過婚活服務。在2020年結婚的人當中，有16.5%是透過婚活服務成功結婚的，其中更有11%是透過交友APP完成終生大事的。

　　另外，在2020年結婚的人當中，有33.1%的人曾經利用婚活服務積極尋找結婚對象，有49.9%的人成功走入婚姻，這個比例也創下歷史紀錄。

　　還是有許多長輩不太相信交友APP，覺得交友軟體不可靠，但如果這些交友軟體真的有個資外洩的風險，那就不會有這麼多的人都在使用了。正因為這些交友APP可以確保個人資訊的可靠性，例如：使用者必須在年收入的選項中提出收入證明等等。而且，交友APP還提升了配對的精準度，所以才有辦法在短時間內普及開來。

　　交友APP曾被認為是找約會對象玩玩的工具，許多人都不太喜歡使用，但今後的交友APP已經成為交友的標準配備了，而且還會更加普及。或許這些交友APP有可能成為少子化時代的救世主。

透過婚姻介紹所
成功結婚的機率

2.7%

要主動迎接
命運的相遇

使用手機即可操作的交友APP迅速普及，讓參與婚活服務的人數急速成長。網路形式的婚活一樣能在疫情期間創造出交友與約會機會，從問卷調查的結果來看，也有人覺得這種方式的婚活具有比實體的約會更節省、時間安排更有彈性、不必在意周圍的目光等好處。

不過，婚姻介紹所的受歡迎程度也不差。光看數字可能會覺得成功結婚的機率有些低，但就像前面提過的在2020年結婚的人當中有16.5%是透過婚活進入婚姻的，而其中的2.7%就是透過婚姻介紹所成功的。成功的比例因不同的婚姻介紹所而有些差異，但實際的成功比例應該會更高一些。

不管支持的是網路交友派還是實體交友派，現在的年輕人應該都面臨著日常生活中的交友機會愈來愈少的狀況吧。主要原因是同年齡的人口減少，再加上職場環境已經不像以前那樣有許多同事，跟同事一起去喝酒聚會的機會也愈來愈少了。現在有許多一個人或少數幾個合得來的人就能開心享受的娛樂，以前人人搶著參加的聯誼也因為負責聯絡的工作吃力不討好，所以很少有人願意當召集人舉辦聯誼了。

這樣的情況不只發生在日本，交流的方式在世界各地都產生了不同於以往的變化。我不會說「自然的相遇才好」之類的話，比起拘泥於認識對象的方式，更重要的反而是能不能遇到想要的結婚對象。真的想要結婚的話，試試看婚活服務也未嘗不可。

終生單身的機率

男性25.7%
女性16.4%

別被幸福的型態侷限住！

．．．．．．．．．．．．．．．．．．．．．．．．．．．．．．．．．．．．．．．

　根據2020年的日本國勢調查，男性在2020年的生涯未婚率為25.7％，女性為16.4％。換句話說，每４名男性就有１人、每６名女性就有１人終身未婚。這項紀錄創日本自1920年進行國勢調查以來的歷史新高。抱持「我一定要結婚！」的人看到這個數字後不免會有些擔心。

　不過，日本的生涯未婚率是45〜49歲未婚率與50〜54歲未婚率的平均。近年來晚婚的趨勢愈來愈明顯，也有50歲以後才結婚的，因此生涯未婚率又被稱為「50歲時未婚的比例」。也就是說，生涯未婚率在某種程度上並不代表「終身未婚」的機率。

　國外就有一對年齡為103歲與91歲的情侶決定結婚，成為了全世界最高齡的新婚夫妻。這對夫妻已經攜手相伴27年，甚至都有了曾孫，但他們似乎不是那麼在意一定要結婚，據說他們也不後悔沒有早一點結婚。

　實際上有一種婚姻就稱為事實婚，也稱為法式婚姻，這種制度的婚姻造就了像這對夫妻一樣的選擇自由。

　法國是個高出生率的國家，2015年出生的孩童中有58％的孩童其雙親都是處於無婚姻關係的狀態。法國有項伴侶制度名為PACS（民事伴侶契約制度），登記這項制度的伴侶即使沒有法律上的婚姻關係，在社會保障等方面仍和已婚者一樣享有保障。

　要是日本也有這樣的制度的話，或許就有機會阻止少子化的惡化。

30〜34歲的人
在5年內結婚的機率

男性11.25%
女性20.24%

現代人不再堅持
一定要結婚？

很久以前，有許多人認為女生最好在25歲以前結婚，那麼，現在的看法又是如何呢？

以當前所知的生涯未婚率的變化來推算未來的生涯未婚率，男性在2040年的生涯未婚率為29.5%，女性為18.7%。每3名男性就有1人、每5名女性就有1人，在一生中從未有過婚姻關係。

這樣的趨勢不光只是出現在日本，就連英國、法國、瑞典等國家的生涯未婚率也屢創新高。不過，日本與歐洲國家的國情不同，許多歐洲人都選擇在法律上不具婚姻關係的事實婚，所以其生涯未婚率跟日本還是有些不同。

根據以上數據計算出30～34歲的男性與女性在5年內結婚的機率就是左側所列的2組數據。雖然比25～29歲的人稍微低了點，勉勉強強還算是有希望。但不論男性還是女性，5年內結婚機率最高的都是26歲（男性為36.69%、女性為44.14%）。看起來真的有必要將目標設定在25歲前完成婚姻大事。

不過，我們所介紹的這些數據終究只代表那些「想結婚的人群」。進入令和時代後，也看得出來現在的人似乎並不像以前的人那樣有著一定要「結婚」的信念。結不結婚其實都無所謂，不論是以哪種形式在一起，彼此都能幸福才是最重要的。

出處：総務省統計局 平成27年国勢調査
令和2年国勢調査

外遇的機率

男性 74.0%
女性 29.6%

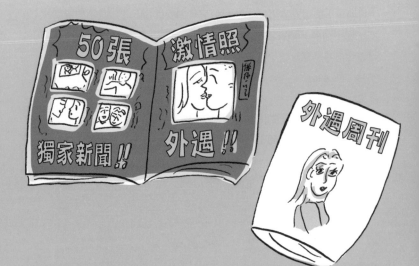

謹慎防範基因
的本能

‧‧

　　我猜有些人可能會對這個機率有著很大的反應。身旁若有親友、熟人外遇的話，應該會比較容易接受；對於只在電視上看過的人來說，可能衝擊就比較大了。另外，在有外遇經驗的男性中又有26.9%的男性其外遇是現在進行式，女性則為16.3%。

　　每4名男性就有3人曾經外遇，這數字還不包含有「風俗經驗」的人。如果把風俗經驗也算在內的話，有外遇經驗的比例應該會更高。可能有人會認為風俗經驗並不算外遇，但日本法律明文定義「與配偶以外的人產生性關係」即為不貞行為（外遇）。

　　關於外遇的結果，丈夫外遇被配偶發現的機率為21.6%，妻子外遇被配偶發現的機率則為6.8%，兩者間的比例懸殊。就算要外遇，女性還是會比男性更加謹慎。以申請離婚的件數來推算的話，每10位丈夫就有8位丈夫、每10位妻子就有3位因為配偶外遇而選擇離婚。

　　外遇有時也會造成家庭破碎。那為什麼還是有人會義無反顧地外遇呢？雖然每個出軌的人其原因都不同，但有個說法認為有些人的基因特別容易外遇。我們絕不能拿「外遇是基因本能」當藉口。不過既然知道外遇的機率是這麼地高，那就應該先熟悉外遇前會有哪些傾向，並事先採取防範措施。

出處:森川友義 大人の「不倫学」(宝島社)　133

5年內離婚的機率

1.93%

離婚率沒有電視上看到的那麼多

以前大家都覺得離婚是那些名人才會做的事，但現在身旁離過婚的人其實還不少。現代女性大多認為「離過婚的人不會重導覆轍，會成為更好的自己」或「離婚後反而變得更有魅力」。當然也有很多因為離婚而傷痕累累的人，但對離婚有著負面印象的人已經愈來愈少了。

根據日本厚生勞動省的調查，以2015～2019每年的結婚件數及2020年按同居時間來劃分的離婚件數計算，結婚5年內的離婚率為1.93%；其中最高的是結婚1～2年後的夫妻，有2.28%，其次為結婚2～3年後，為2.07%（詳細請參考附錄）。

結婚5～10年的離婚率為1.10%，10～15年為0.710%，15～20年為0.551%，結婚愈久離婚率就愈低。就結果來說，「結婚5年內是關鍵期」的說法一點也沒錯。

既然都結婚了，過沒多久就想要離婚的人應該不多。這麼一想，1.93%的機率也不算很高，似乎可以讓人鬆一口氣。不過，這同樣也只是統計上的機率，畢竟生活在一起難免會發生一些問題。不論結婚多久以後離婚，原本是陌生人的2人能成為一家人，那機率還是足以稱為奇蹟的。

找到固定工作的機率

63.8%

不是只有正式員工
才叫有固定職業!

雖然大家的心裡都明白「有工作就要感到慶幸」,但非正式員工的身分難免還是會遇上一些麻煩的情況。

這個數字只以「正式員工」來計算,但實際上有更多的人每一天都在工作。根據日本總務省的勞動力調查（2020年4月）,正式員工在勞動人口中所占的比例為63.8%。

不過,認為只有正式員工才是「固定職業」的想法也許已經過時了。日本的「非正式員工」包含臨時工讀生、兼職員工、派遣員工、契約員工、囑託員工等等,這類雇用型態的受雇者有許多都是長期做著同一份工作。

日本的百圓商店Seria、東京個別指導學院（補習班）、連鎖咖啡廳GINZA RENOIR等8間企業其非正式員工的比例都超過90%;比例超過50%的企業據說也有436間。今後,非正式員工對於社會的影響應該也會愈來愈顯著。

日本政府所推動的「同工同酬制度」是勞動制度改革中的一環。企業若能引進這樣的制度,減少正式員工與非正式員工之間的酬勞與待遇的差別,想必對於企業的而言也能更好地運用人力資源。

若勞動者都能像自營業者一樣自由地選擇各種職業或職場,我想日本應該會變成一個更好、更適合生活的國家。現在這種僵化的勞動環境,對雇主跟受雇者來說實在是一種耗損。

出處:総務省統計局「労働力調査」(2020年)
東洋経済オンライン「非正社員への「依存度が高い」500社ランキング」(2021)

換工作的機率

4.9%

我的工作方式
我做主！

‧‧

推崇應屆畢業進入企業工作到退休的「終身雇用」時代已經結束了。現在的人為了追求更好的環境或職業生涯而換工作，已經是家常便飯的事。根據MYNAVI公司所公布的轉職動向調查（2021年版），20～59歲的正規員工在2020年的換工作比例為4.9%。這項比例到2019年為止都是向上成長的，直到2020年因新冠疫情的影響才從2019年的7.0%下降到4.9%。

同一份調查當中，對「換工作是否是一種積極的行動」回答「是」的人有69.7%。即使真的採取行動的人不多，但似乎有愈來愈多的人認為這是一種積極的行動了。

另外，現在不只換工作的人變多了，也有越來越多人從事副業。這不只是政府的鼓勵，也因為愈來愈多的企業不再禁止員工從事副業。根據Persol Research and Consulting的調查，在副業元年（2018年）全面接受員工從事副業的企業比例占14.4%，到了2021年已經上升至23.7%了。若包含有條件接受員工從事副業的企業在內，則有55.0%的企業都接受員工從事副業。

2021年6月，日本政府的經濟財政運營和改革方針「骨太方針」納入了可依意願選擇周休3日的「選擇性周休3日制」，部分大型企業也引進這樣的制度。今後的社會將進入一個可以自由選擇工作方式的時代，讓每個人都能確立起各自的工作風格。這樣一來，說不定也會有愈來愈多的人能夠實現自己的夢想。

出處：株式会社マイナビ「転職動向調査 2021年版」
株式会社パーソル総合研究所「第二回 副業の実態・意識に関する定量調査」（2021年）

東大不是唯一的
大學志願！

　　日本的18歲人口約有114萬1,140人。應屆考上東京大學的學生有2,148人，簡單換算後，應屆考上東京大學的機率為0.188%。

　　東大的應屆上榜率有逐年上升的趨勢，2021年度的應屆上榜生約有72%。過去，以東大生為目標的考生不在少數，許多人不論重考多少年都一定要考上東大；但現在，不光是以東大為目標的重考生減少了，整體的重考生人數都在下降。

　　原因在於，雖然現在處於少子化時代，但大學的數量卻反而在增加；所以，只要不在乎考上哪間大學，都比以前更容易應屆上榜，不需要再當重考生了。另外，日本經濟持續不振讓各個家庭沒有閒錢供孩子重考也是原因之一。

　　現今，認為東京大學是唯一選擇的考生已經沒有過去那麼多了。放眼海外各國，哈佛大學、劍橋大學、史丹佛大學、北京大學等名校，都是許多優秀的學生的首選；即使是日本國內，培養出許多諾貝爾獎得主的京都大學也吸引了不少學生的目光。

　　以我們這個年紀的人來看，日本的優秀學生不再以東京大學為目標確實是一件挺令人五味雜陳的事，但選擇變得更加多樣也未嘗不是一件好事。最近看著擁有豐富經歷的人大展身手的模樣，心想：或許進入一個可以充分發展個性的環境會比拘泥於東京大學的學歷來得更加重要。

Chapter 7

假如發生這件事的機率

與女偶像交往的機率

0.0247%

就算是近乎奇蹟
但也不是不可能！

　　女偶像是令人怦然心動的存在。「要是能跟○○交往該有多好～」就算不是狂熱的粉絲，可能也有過這樣的夢想吧。

　　日本現在有各類型的偶像，除了活躍於電視等媒體的國民偶像外，還有地下偶像、地方偶像等，目前統計的女偶像團體共有945個，總計6,993人。若以18歲以上為戀愛對象，並以符合偶像代表AKB48成員的年紀分布來計算，符合條件的偶像占55.2%，也就是說有3,860（6,993×55.2%）個偶像可以成為戀愛對象。這個數字在18～30歲女性人口中的比例為0.0443%。

　　但還要再加上一個條件，那就是「想不想談戀愛」。訪問目前正在從事偶像工作的女性後，有55.7%的女偶像回答「可以接受談戀愛」。所以最後得到能跟女偶像交往的機率就是0.0247%。

　　這個機率實在是低到令人難以想像。換個比較容易理解的方式來說，就是在4,049次的人生中也許有那麼一次的機會能跟女偶像交往。順帶一提，這個機率幾乎相等於「高中棒球隊在夏季甲子園球賽中奪得冠軍的機率」。不管是甲子園奪冠還是跟女偶像交往，機率同樣都極為渺小，但換個角度想也不是完全沒有機會，這還是讓人覺得有點開心。

與女主播交往的機率

0.0458%

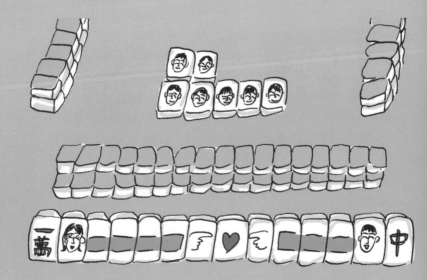

想成是上班族的話
就有希望……？

　　女主播在男性心中受歡迎的程度一點也不遜於女偶像。從前，女主播跟棒球選手結婚好像是固定不變的組合，但最近的女主播似乎不再獨鍾於棒球選手。女主播的結婚對象是一般男性的例子也時有所聞。那麼，一般人究竟有多大的機率可以跟女主播在一起呢？

　　調查結果顯示日本NHK電視台、五大民營電視台以及地方電視台的女主播共有1,424人（2016年），占22～39歲女性人口的0.0133%。電視台的女主播都算是在公司工作的上班族，以職業類別而言屬於資訊及通訊傳播業。根據平成24年就業構造基本調查，資訊及通訊傳播業的20～39歲女性其未婚比例為68.6%。也就是說，男性有機會交往的女主播比例為0.0133×0.686＝0.00916%。若再考慮到男性結婚前交往過的人數平均為4.5人，所以我們要計算的就是「5次的交往對象中有女主播的機率」。最後算出來的機率幾乎是與女偶像交往機率的2倍！雖說如此，這也是相當於2,185次的人生中才有一次與女主播交往的超低機率。

　　順帶一提，跟女主播交往的機率幾乎跟日本麻將規則中的役滿牌型「國士無雙」胡牌的機率一樣。國士無雙在役滿牌型當中算是出現頻率相對較高的牌，比其他役滿牌型好達成，但真的要胡牌卻是非常困難的事。不過，女主播也算是上班族，是比藝人更接近我們日常生活的存在，所以或許還是可以抱著一絲希望。

書籍銷售
破100萬冊的機率

0.00131%

社會現象級別的
曠世巨作！

　　一般來說，小說或實用書等一般書籍只要賣出 1 萬冊就算熱門書了，賣出10萬冊則是暢銷書。我們這次將範圍鎖定在自販售起 1 年內賣出100萬冊的書籍，對此蒐集了相關的數據。

　　根據出版科學研究所《出版指標 年報 2021年版》，2015年出版的新書有7萬6,445本。在Oricon公布的2015年書籍銷量排行榜中，只有第 1 名的書籍突破百萬銷量（漫畫不計）。究竟是哪本書創下如此驚人的銷量呢？那就是由日本搞笑藝人又吉直樹創作的純文學小說《火花》。這本小說的累計銷售量超過223萬冊，在出版業景氣普遍低迷的情況下成功創下百萬銷售的紀錄。

　　那各位知道全世界最多人看過的書是哪一本嗎？

　　答案是「聖經」。自聖經自問世以來已有相當悠久的歷史，沒有人知道確切的銷售數量，但據說超過50億本。根據美國的情報網站List Challenges的資料，銷量僅次於聖經的書籍是《毛語錄》，8 億2,000萬冊。這是中華人民共和國建國時的指導者——毛澤東的指示所編纂的語錄集，文化大革命時中國人民都有義務隨身攜帶此書。排名第 3 的是英國作家J.K羅琳的《哈利波特》系列，累計銷售達 4 億冊，也是相當驚人的紀錄！

　　日本有史以來最暢銷的作品為《窗邊的小荳荳》（黑柳徹子著），累計銷售破800萬冊。

日本人
獲得諾貝爾獎的機率

0.0000131%

日本人果然厲害！

　　每年10月份公布得獎名單的諾貝爾獎是全球最具權威的獎項，新出爐的得主當中有沒有日本人也是日本人民相當關心的話題。

　　諾貝爾獎在1901年設立，發明炸藥的瑞典化學家阿弗雷德‧諾貝爾在遺囑中交代以他龐大的遺產成立基金會，設立諾貝爾獎。諾貝爾獎創始時共有5個獎項，分別為物理學獎、化學獎、生醫獎，以及和平獎；1969年增加了經濟學獎。諾貝爾委員會每年都會在各領域提名對人類做出重大貢獻的人，並頒發獎狀、獎牌及1,000萬瑞典克朗（約1億日圓）的獎金給各獎項的得主。

　　到目前為止，得到諾貝爾獎的日本人共有28人（截至2021年10月）。用這個數字去除以日本實施戶籍制度首年到最年輕的諾貝爾獎得主出生那一年的人口總數，計算出日本人得到諾貝爾獎的機率。其中也包含移民到國外並取得外國國籍的日本人。在物理學獎、化學獎、生醫獎等自然科學獎項上，日本的得獎人數全球排名第5，僅次於美國、英國、德國及法國。身為日本人真的非常驕傲日本有這樣的成績。

　　所有獎項中只有經濟學獎是由瑞典中央銀行出資的，其餘的皆由諾貝爾的遺產支出。另外，專門管理諾貝爾遺產及諾貝爾獎的諾貝爾基金會並不參與獎項的評選，每個獎項都由獨立的委員會負責評選，以確保公平性。諾貝爾獎的審查過程相當嚴格且保密，諾貝爾基金會規定50年內不得對外公開各獎項的審查過程。

日本人參加奧運會的機率

0.00229%

就算只是機率也好
做個夢也無妨

‥‥‥‥‥‥‥‥‥‥‥‥‥‥‥‥‥‥‥‥‥‥‥‥‥‥‥‥‥‥‥‥

　　受到新冠疫情影響而延期的2020年夏季奧林匹克運動會終於在2021年登場。選手們在面對每一場比賽時的認真態度都讓人感動不已。

　　許多選手都是從小就下定決心成為運動員，鍥而不捨地在運動之路上持續奮鬥。日本至今為止參加奧運會的運動選手累計共有4,983人，換算下來參加奧運會的機率為0.00229%。也就是說，每1,000人中有2個人以上能夠出賽，應該不會只有我會覺得這個機率比想像得還容易吧。當認識的人或親朋好友有人取得參賽資格時，我們才會覺得原來奧運選手就在身邊。

　　若以選手數來看，比較容易出賽的項目是10公尺空氣步槍比賽，與現代五項。日本的空氣步槍選手約有6,000人，現代五項的選手大約是30人左右，比起其他項目算是容易取得出賽資格的。各位也都明白能不能參加奧運會並不在於比例的高低，擁有奧運夢是個人的自由。

　　日本人首次出賽奧林匹克運動會是在1912年（明治45年）的第5屆奧運會，當時的主辦地為瑞典首都斯德哥爾摩。出賽的選手分別是馬拉松的金栗四三選手，以及短跑的三島彌彥選手。據說當時從日本到斯德哥爾摩必須先搭船再經由西伯利亞鐵路，要17天才能抵達。後來金栗選手棄權，三島選手也在預賽中遭到淘汰，在那之後的100多年，日本也已經累積了許多枚奧運獎牌。

日本人飛向外太空
的機率

0.0000101%

就算現在不可能
但有機會實現嗎？

　　根據JAXA（宇宙航空研究開發機構）截至2020年８月的資料，全世界共有566人到過外太空。其中日本人共有12人，再加上2021年登上外太空的前澤友作及同行的攝影師平野陽三，共有14名日本人到過外太空。

　　首位進入外太空的日本人是前TBS的新聞工作者秋山豐寬，他在1990年12月乘坐前蘇聯的聯盟TM-11號宇宙飛船前往太空，並在和平號太空站停留６天。秋山先生所拍攝的從外太空看見地球之美的影片，給我們帶來了莫大的感動。後來陸續有日本人前往外太空，包括1992年９月搭乘NASA（美國國家航空暨太空總署）的太空梭前往外太空的毛利衛、共有３次前往外太空經驗的日本首位女太空飛行員向井千秋、2009年出發並長期停留在ISS（國際太空站）的若田光一，以及有２次前往外太空經驗的天文學家土井隆雄等等。而最有趣的是日本的兒童節目《Ponkickies》中的Gachapin（不算在前往外太空的人數內），據說它在1998年８月時在和平號太空站停留了５天。Gachapin停留的目的是為了從宇宙跟地球通訊，但因為通訊狀況太差無法連線最後只能抱憾而歸。

　　話說回來，前面提到在2021年前往太空的前澤友作，這趟宇宙之旅也造成轟動，一個人停留在ISS的費用居然高達50億日圓，這簡直是天方夜譚般的數字。以機率來說，這確是相當難達成的事，但隨著科技進步未來某一天也許真的有機會讓一般人前往宇宙進行旅行。

結言

　　隨便找家店坐下用餐，結果東西意外的好吃、才剛到車站就立刻搭上列車、剛好看到數位時鐘上的數字都是2……。這些我們覺得稀鬆平常的事，都是由各種奇蹟層層堆積而來的結果，就像NHK的幼兒教育節目《畢達哥拉斯的知識開關》裡的裝置一樣。但我們都沒有注意到這些累積過程，只看到最後的結果，所以才會驚呼：「這真是太不可思議了！」

　　人類比自己想像的還容易受到成見的影響。在充斥著大量資訊、人云亦云的現代社會裡，也讓人覺得這樣的傾向更加明顯。而且，還是往負面的方向發展。

　　覺得快被資訊埋沒、不知道該怎麼選擇、對明天的到來感到不安時，請回想起本書所說過的各種機率。想必能替各位趕走負面情緒，讓大家找回正面思考的態度。

　　這本書介紹的機率都是根據當時調查的數據計算而來的，時代的變遷或是新的發現都會讓機率有所變化。倘若各位都能培養出以各種觀點來看待事物的能力，不單憑直覺來做判斷，並享受這個追求機率的過程，那就是我們最樂見的事。

　　希望以機率看待的世界比各位所想像的更加閃耀亮眼。

鳥越規央

機率的計算方式

介紹書中提過的各種機率的詳細計算方法。

:::

p62　40人的班級中有人在同一天生日的機率

若是2個人的班級，則2人生日不同天的機率為364/365。因此2人生日同一天的機率為 $1-364/365 = 0.00274…… = 0.247$%。若是3個人的班級，則3人生日皆在不同天的機率為364/365×363/365。因此3人之中有2人生日在同一天的機率為 $1-364/365×363/365 = 0.00820…… = 0.820$%（這是3人之中有2人生日相同的機率，也包含3人生日全部相同的情況）。若是4個人的班級，則4人生日皆在不同天的機率為364/365×363/365×362/365，因此4人之中有2人生日在同一天的機率為 $1-364/365×363/365×362/365 = 0.01636…… = 1.64$%。

以同樣的方式計算，則40個人的班級的機率計算如下所示：

$1-364/365×363/365×362/365×…×327/365×326/365$
$=0.8912…… = 89.12$%

p68　撿到全壘打球的機率

2019年共有71場比賽、外野區的觀眾席累計共有53萬9,600名觀眾入場、全年一共打出219支全壘打，根據以上的數據，機率的計算如下所示：

$219/539600 = 0.000406…… = 0.0406$%

p70　手機號碼出現生日的機率

扣除前3個號碼，手機還有8個號碼的排列組合。

8個號碼的組合從1000─0000到9999─9999，共有9000萬種可能。以6月26日的生日為例，只要這8個號碼出現「626」都符合，那麼就會有「626×─×××× 」、「×626─×××× 」、「××62─6××× 」、「×××6─26×× 」、「××××─626× 」共6種的數字組合。

以11月23日的生日為例，只要這8個號碼出現「1123」都符合，那麼就會有「1123─×××× 」、「×112─3××× 」、「××11─23×× 」、「×××1─123× 」、「××××─1123」共5種的數字組合。

根據以上的敘述，則機率的計算如下所示：

【3碼】$6/90000000 = 0.0000000666…… = 0.00000667$%
【4碼】$5/90000000 = 0.0000000555…… = 0.00000556$%

p84　明天死去的機率

根據日本厚生勞動省製作的「令和2年簡易生命表」，30歲男性的生存數為99,057，30歲女性為99,388，且這一年內30歲男性的死亡數為52、女性為27，因此機率的計算如以下所示：

$(52+27)/(99057+99388)÷365 = 0.000001091…… = 0.000109$%

p98　發生交通事故的機率

這個機率是先求出80歲前從未發生任何交通事故的機率，再計算出相反的機率。
根據日本警視廳的數據計算出各個年齡層在1年內從未發生交通事故的機率，得到的機率為【0～5歲】【6～12歲】【13～15歲】【16～19歲】【20～24歲】【25～29歲】【30～34歲】【35～39歲】【40～44歲】【45～49歲】【50～54歲】【55～59歲】【60～64歲】【65～69歲】【70～74歲】【75～79歲】。

以n歲時的1年內從未發生交通事故的機率為p(n)時，則80歲前至少發生一次交通事故的機率的計算如下所示：

$$1 - p(0) \times p(1) \times p(2) \times \cdots \times p(78) \times p(79) = 1 - 0.86203\cdots\cdots = 0.13797\cdots\cdots$$
$$= 13.8\%$$

p102　遇上犯罪事件的機率

根據日本警察廳的犯罪統計資料，2021年的刑事犯罪件數為56萬8,104件。若用上述的數字除以2021年的日本人口數，則計算如下：

$$568104 / 125559000 = 0.004524\cdots\cdots = 0.452\%$$

p116　100題4選1的選擇題全部答對的機率

答對1題4選1選擇題的機率為四分之一。連續答對100題的機率如下所示：

$$(1/4)^{100} = 1/1606938044258990275541962092341162602522202993782792835301376$$

$$= 0.0000000000000000000000000000000000000000000000000000000000006223\cdots\cdots$$

$$= 0.00000000000000000000000000000000000000000000000000000000000622\%$$

p130　30～35歲的人在5年內結婚的機率

在2015年的國勢調查當中，30～34歲的未婚男性人數為164萬9,000人，未婚女性人數為121萬1,000人。在2020年的國勢調查當中，35～39歲的未婚男性人數為146萬3,512人，未婚女性人數為96萬5,954人。

透過以上數據，5年內結婚的機率如以下算式所示：

男性　$(1649000 - 1463512)/1649000 = 0.11248\cdots\cdots = 11.25\%$
女性　$(1211000 - 965954)/1211000 = 0.20235\cdots\cdots = 20.24\%$

p134　5年內離婚的機率

根據厚生勞動省的人口動態調查，2015年至2019年的婚姻件數如下所示：
【2015年】635,225件　【2016年】620,707件　【2017年】606,952件
【2018年】586,481件　【2019年】599,007件

而2020年調查的各同居期間的離婚件數如下所示：
【4～5年】10,258件　【3～4年】11,627件　【2～3年】12,588件
【1～2年】13,400件　【未滿1年】10,973件

根據以上數據，各結婚年數的離婚件數為

結婚未滿1年離婚的機率為　　　10973/599007＝0.01832……＝1.83%
結婚1～2年離婚的機率為　　　 13400/586481＝0.02285……＝2.28%
結婚2～3年離婚的機率為　　　 12588/606952＝0.02074……＝2.07%
結婚3～4年離婚的機率為　　　 11627/620707＝0.01873……＝1.87%
結婚4～5年離婚的機率為　　　 10258/635225＝0.01615……＝1.61%

最後根據以上的結果，結婚5年內離婚的機率如下所示：

（10973＋13400＋12588＋11627＋10258）/（599007＋586481＋606952＋620707＋635225）
＝0.01930……＝1.93%

p144 與女偶像交往的機率

調查時的女偶像共有945個團體、6,993人。以AKB48的年齡分布推算出18歲以上的女偶像約為55.2%，也就是有3,860位偶像有機會成為戀愛對象。18～30歲的女性總數約為871萬人，這3,860位偶像所占的比例為0.0443%。另外，在電視節目的問卷調查中回答「可以談戀愛」的女偶像約有55.7%，根據以上的結果計算出的機率如下所示：

0.000443 × 0.557 ＝ 0.0002467……＝ 0.0247%

p146 與女主播交往的機率

調查時的女主播人數為1,424人，而日本22～39歲的女性人口約有1,067萬人。將女主播人數在22～39歲女性當中的比例，乘上女主播所屬的「資訊及通訊傳播業」的20～39歲女性的未婚比例68.6%以後，就得到未婚女主播的人口比例。

1424/10670000 × 0.686 ＝ 0.00009155……＝ 0.00916%

根據這個結果，交往過的5名女性中出現女主播的機率如下所示：

$1 - (1 - 0.00009155)^5 = 0.0004577\cdots\cdots = 0.0458$ %

p150 日本人獲得諾貝爾獎的機率

諾貝爾獎最年輕的得主為17歲，因此以日本開始實施戶籍制度的明治5年（1872年）到2004年之間的出生人口為計算範圍，得到的人數為2億1,312萬7,221人。其中28人為諾貝爾獎得主，因此日本人得到諾貝爾獎的機率如下所示：

28/213127221＝0.0000001314……＝0.0000131%

p152 日本人參加奧運會的機率

2020年東京奧運會最年輕的選手為2008年出生，因此以明治5年到2008年之間的出生人口為計算範圍，得到的人數為2億1,746萬3,399人。參加過奧運會的選手共有4,983人，因此日本人出賽奧運會的機率如下所示：

4983/217463399＝0.00002291……＝0.00229%

p154 日本人飛向外太空的機率

加加林是史上第一位進入太空的人類，出生於1934年（昭和9年），而目前最年輕的太空人為17歲，因此以昭和時期至2004年出生的日本人口為計算範圍，所得到的人數為1億3,876萬2,246人。其中曾前往太空的日本人共有14人，因此日本人飛向太空的機率如下所示：

14/138762246＝0.0000001009……＝0.0000101%

鳥越規央

1969年出生。統計學者。出身於大分縣中津市。受電視台邀請，在節目上根據統計資料挑戰計算出「與女偶像交往的機率」、「日本隊在世足盃奪冠的機率」等等的有趣機率。在以統計學角度分析棒球的賽伯計量學中是日本的第一把交椅。積極參與各種傳播媒體的活動，包括執筆報章專欄、參加電視節目、廣播、雜誌等大眾傳媒。著有《統計学が見つけた野球の真理》（講談社BLUE BACKS）等書籍。

YO NO NAKA WA KISEKI DE AFURETEIRU: MAEMUKI NI NARERU KAKURITSU NO HANASHI
by Norio Torigoe
Copyright © 2022 Norio Torigoe
All rights reserved.
Original Japanese edition published by WAVE Publishers Co., Ltd.
This Complex Chinese edition is published by arrangement with
WAVE Publishers Co., Ltd., Tokyo
in care of Tuttle-Mori Agency, Inc., Tokyo through LEE's Literary Agency, Taipei.

養成樂觀思路的機率趣談

出　　　版／楓葉社文化事業有限公司
地　　　址／新北市板橋區信義路163巷3號10樓
郵 政 劃 撥／19907596　楓書坊文化出版社
網　　　址／www.maplebook.com.tw
電　　　話／02-2957-6096
傳　　　真／02-2957-6435
作　　　者／鳥越規央
翻　　　譯／胡毓華
責 任 編 輯／陳鴻銘
內 文 排 版／洪浩剛
港 澳 經 銷／泛華發行代理有限公司
定　　　價／360元
初 版 日 期／2023年8月

國家圖書館出版品預行編目資料

養成樂觀思路的機率趣談 ／ 鳥越規央作；
胡毓華譯. -- 初版. -- 新北市：楓葉社文化
事業有限公司, 2023.08　面；　公分

ISBN 978-986-370-573-4（平裝）

1. 機率　2. 數理統計　3. 通俗作品

319.1　　　　　　　　　　　　112010259